BEI GRIN MACHT SICH IHR WISSEN BEZAHLT

AF130460

- Wir veröffentlichen Ihre Hausarbeit,
  Bachelor- und Masterarbeit

- Ihr eigenes eBook und Buch -
  weltweit in allen wichtigen Shops

- Verdienen Sie an jedem Verkauf

Jetzt bei www.GRIN.com hochladen und kostenlos publizieren

Lean Construction Management. Zukünftiges Bauen mit LCM und BIM

Tobias Schweiger

Bibliografische Information der Deutschen Nationalbibliothek:

Die Deutsche Nationalbibliothek verzeichnet diese Publikation in der Deutschen Nationalbibliografie; detaillierte bibliografische Daten sind im Internet über http://dnb.d-nb.de abrufbar.

ISBN: 9783346849885
Dieses Buch ist auch als E-Book erhältlich.

Fakultät für Betriebswirtschaft

Sommersemester 2022

Präsentationsunterlage

Kurs: Projektmodul II

Zukünftiges Bauen mit LCM und BIM

vorgelegt von

Tobias Schweiger

4. Semester

Tag der Einreichung: 04.09.2022

Inhaltsverzeichnis

Abbildungsverzeichnis

Zukünftiges bauen mit LCM und BIM

Von Tobias Schweiger
18.08.2022

Abbildung 1: Zukünftiges Bauen mit LCM und Bim (Schweiger, erstellt mit Canva)

1. Einleitung zu LCM

Egal ob beim Produzieren oder im normalen Management, immer geht es darum Arbeitsschritte so effizient wie möglich zu gestalten. Nur so kann die Arbeitszeit minimiert und der Output maximiert werden. Um dies zu erreichen, gilt es Prozesse immer „schlank" zu machen, wobei die Vermeidung von verschwenderischen Akten im Mittelpunkt steht. Hier kommen die Lean Methoden zum Einsatz. Entwickelt in den 90er Jahren umfassen diese Hilfsmittel nicht nur das Lean Management oder Lean Production, sondern auch Lean Cosntruction Management. Dabei soll spezifisch der Bau und die Herstellung von beispielsweise Gebäuden oder Projekten sowie auch die Sanierung „Schlank" gemacht werden, um diese so effizient wie möglich zum Ende zu bringen. Dadurch das vor allem in der heutigen Zeit Gebäude immer komplexer werden, aber auch viele Gesetze, Normen, Umweltschutz und vieles mehr eingehalten werden müssen, gilt es Projekte hinsichtlich der Kosten, Qualität, Termine optimal zu koordinieren, um Risiken und Fehler zu vermeiden. Diese können letztendlich Jahre und Unmengen an Kosten sowie Zeit verschlingen, wodurch diese Prozesse unnötig kompliziert gemacht werden.[1]

Gerade in der jetzigen Zeit ist LCM wichtiger denn je. Denn neben den genannten Faktoren wie Gesetze und Umweltschutz, kommen noch Krisen hinzu. Nach der Corona Krise, durch welche bereits viele Projekte Problem hatten, betrifft die Ukraine Krise

---

[1] vgl. allplan, 2021

jetzt auch die Baubranche. Durch enorme Lieferengpässe und die zusätzliche Inflation stoßen die Preise von Rohstoffen durch die Decke. Auch die steigenden Energiepreise machen den Bauprojekten zu schaffen. Zuletzt kommen nun auch noch steigende Zinsen hinzu, welche den Hausbau erschweren. Alles in allem kann heute ein Bauprojekt nicht mehr ohne fehlerfreie Planung durchgeführt werden und an jeder Stelle muss effizient gearbeitet werden, um weitere Risiken zu vermeiden.[2]

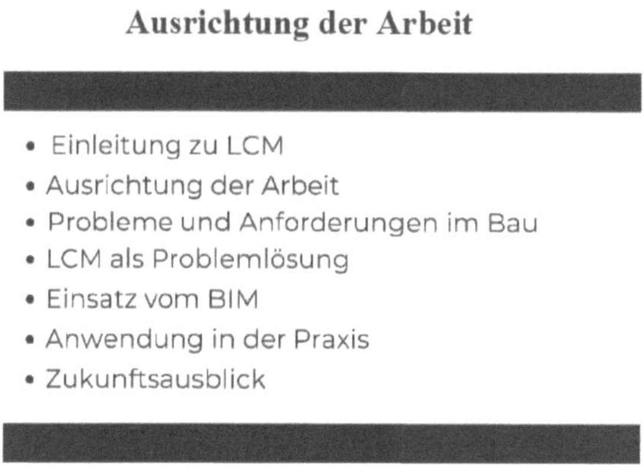

Ausrichtung der Arbeit

- Einleitung zu LCM
- Ausrichtung der Arbeit
- Probleme und Anforderungen im Bau
- LCM als Problemlösung
- Einsatz vom BIM
- Anwendung in der Praxis
- Zukunftsausblick

Abbildung 2: Ausrichtung der Arbeit (Schweiger, erstellt mit Canva)

2. Ausrichtung der Arbeit

Diese Studienarbeit befasst sich rund um das Thema Lean Cosntruction Management. Dabei werden vorerst die bereits genannten Probleme, aber auch Anforderungen in der Baubranche näher betrachtet, welche erst die Ausganglage für LCM bilden. Daraufhin wird LCM an sich erläutert und erklärt. Vor allem die fünf Lean Prinzipien werden hier genauer betrachtet, aber auch welche Schritte der Prozess beinhaltet. Hierbei steht nicht nur im Mittelpunkt, um was es sich bei LCM handelt, sondern auch deren Vorteile und wieso in der Baubranche so gut wie immer davon Gebrauch gemacht werden sollte. In Verbindung mit LCM wird der Einsatz von BIM darauf erläutert. Hierbei wird genauer darauf eingegangen, in welcher Weise so Projekte effizient vorangebracht werden können und was dies beinhaltet. Zudem wird BIM in Verbindung mit LCM gebracht und im Prozess eingeordnet. Daraufhin wird hierzu ein Praxisbeispiel gegeben, um

---

[2] vgl. Sackmann, 2022

genauer zu erklären, wie BIM bei einer Sanierung oder im Bau viele Vorteile bietet. Zuletzt wird noch ein Zukunftsausblick gegeben, in welche Richtung die Baubranche gehen wird. Zusätzlich wird nochmal das wichtigste zusammengefasst.

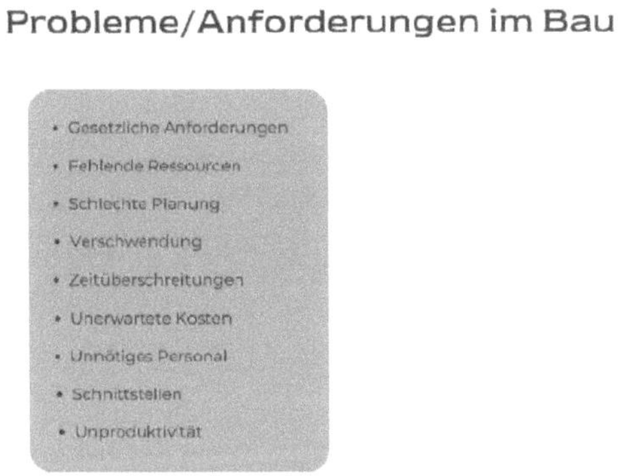

Probleme/Anforderungen im Bau

- Gesetzliche Anforderungen
- Fehlende Ressourcen
- Schlechte Planung
- Verschwendung
- Zeitüberschreitungen
- Unerwartete Kosten
- Unnötiges Personal
- Schnittstellen
- Unproduktivität

Abbildung 3: Probleme/Anforderungen im Bau (Schweiger, erstellt mit Canva)

3. Probleme und Anforderungen im Bau

Nicht nur in einer Rekordzeit von nur 11 Monaten, sondern auch mit einem unerwartet geringen Budget von nur 24 Millionen US-Doller, wurde das Empire State Building erbaut. Niemals zuvor wurde ein höheres Gebäude errichtet und das Budget war gerade einmal die Hälfte der geplanten Investition.[3] Heute fragt man sich wie dies möglich sein kann und noch fraglicher ist wieso heute so etwas unvorstellbar ist.
Die einfache Antwort sind die immer komplexeren Bauten in der heutigen Zeit. Hinzu kommt eine Vielzahl an Problemen, Vorschriften und Gesetzen welche den Bau nicht nur erschweren, sondern die Kosten sowie die Bauzeit unerwartet in die Höhe schießen lassen. Was es in der damaligen Zeit nicht gab, spielt heute eine wesentliche Rolle bei Bauprojekten.

3.1 Mögliche Risiken

Bevor angegangen wird, wie LCM heute und in Zukunft gegen solche Probleme helfen kann, werden zunächst einige der großen Probleme und Risiken erläutert, die entstehen

---

[3] Vgl. Witzenberger, 2015

können, wenn ein Projekt nicht optimal geplant wird. Neben den bereits erwähnten Anforderungen, welche heute gelten, können natürlich auch unnötige Zeitverzögerungen auftreten. Wenn bei der Planung, die Sicherheit und Überwachung der Baustelle nicht genauestens beachtet wird, können durch Kriminalität und Vandalismus Gegenstände, Maschinen und Bauteile zerstört oder gestohlen werden, wodurch diese erst neu angeschafft werden müssen. Dies verzögert natürlich den Bauprozess und verlängert die Bauzeit. Durch die nötige Planung der Absicherung, wie Zäune oder Überwachssysteme kann dies vorgebeugt werden. Der wohl größte Problemfaktor sind unerwartete Kosten, Fehlerhafte Planung oder Kalkulationen. Heutzutage werden so gut wie immer die geplanten Kosten überschritten. Trotzdem gilt es in einem zuvor festgelegten Rahmen zu bleiben und das Budget einzuhalten. Desto ungenauer die Planung ist, umso höher ist das Risiko das unerwartete Kosten entstehen. Aber auch andere Probleme, wie die Zerstörung oder der Diebstahl von Gegenständen, treiben die Preise nach oben. Dies kann durch zuvor abgestimmt Planung besser vermieden werden. Durch die momentanen Krisen, werden wie bereits erwähnt natürlich noch zusätzlich Kosten in die Höhe getrieben.

Des Weiteren bilden schlecht abgestimmte Schnittstellen das Risiko von Zeitverzögerungen oder auch Fehler beim Arbeiten. Schlechte Kommunikation führt zu falschen Handgriffen beim Bau oder fehlerhaften Bestellungen. Weiterhin gibt es noch Einrichtungsprobleme. Vor allem wenn in Städten gebaut wird, muss erst einmal Platz her, um die Anlieferung zu gewährleisten. Laster müssen an der Straße ihre Ware ablegen können, ohne den Verkehr zu beeinflussen.[4] Diese Vielzahl an Problemen sowie viele weitere können durch angepasstes Management, sowie Planung von vornherein umgangen werden.

3.2 Zukünftiges Bauen

Mit Blick auf die Zukunft kann man es sich immer weniger erlauben Fehler zu machen oder unnötige Kosten entstehen zu lassen. Faktoren wie kontinuierliche Verbesserung oder genaues Verstehen der Wertschöpfungskette bilden hier eine Lösung. Dabei kommt das Lean Construction Management ins Spiel. Hierbei wird im folgendem zuerst erläutert, wann und wie dieses Konzept entwickelt wurde und wo es zum Einsatz kommt. Daraufhin bilden als Grundpfeiler die fünf Lean Prinzipien den Ausgangspunkt

---

[4] vgl. Rauschenbach, 2018

der Problemlösungen und werden zum Schluss mit einigen Beispielen abgerundet.

LCM als Problemlösung

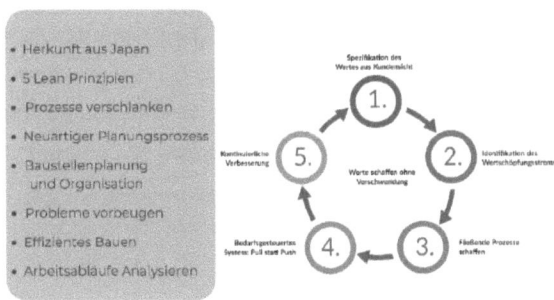

Abbildung 4: LCM als Problemlösung (In Anlehnung an Schmidt, 2021)

4. LCM als Problemlösung

Wie auch im normalen Management oder der Produktion, kann auch in der Baubranche eine stetige Verbesserung erreicht werden. Durch Verschlankung der Prozesse oder genaue Planung, werden wie bereits angesprochen Probleme umgangen und eine gute Projektentwicklung ermöglicht. Ziel ist es den Mehrwert zu maximieren, Verschwendungen zu minimieren und Prozesse zu perfektionieren.[5]

4.1 Funktionsweise von LCM

LCM wurde nach der bestehenden Einsetzung von LM in der Automobilbranche in den 90er Jahren auf die Baubranche übertragen. Zuvor wurde Lean Management bereits seit den 50er Jahren angewendet und bildet die Grundlage. Später wurde durch die Softwareverknüpfung LCM nochmals optimiert, wobei dies später erläutert wird. Die Ausgangslage der Entwicklung hatte damit zu tun, das durch Ressourcenknappheit bei Toyota dennoch die Produktion nicht gefährdet werden sollte. Dadurch das Japan durch den zweiten Weltkrieg stark angeschlagen war, hatten viele Unternehmen stark mit Ressourcenknappheit zu kämpfen. Die Konkurrenzfähigkeit war bedroht und so musste

---

[5] vgl. Sommer, 2016, S. 225

sich auch Toyota etwas einfallen lassen.[6] Da zuvor Verschwendung nicht besonders beachtet und die Planung wenig effizient durchgeführt wurde, sollte LM hierbei eine Lösung bilden. Auch in der Baubranche kann die Weiterentwicklung von LM zu LCM der bestmögliche Weg sein, um derartige Probleme erst gar nicht zu verursachen. Im Grunde werden einzelne Arbeitsabläufe speziell unter die Lupe genommen und beschleunigt. Dabei werden vor allem Personal und Ressourcen genau betrachtet und an die einzelnen Prozessschritte angepasst. Dadurch entsteht ein „Schlanker" Prozess ohne unnötige Verschwendung.[7]

4.2 Lean Prinzipien

Ausgangspunkt des LCM bilden die fünf Lean Prinzipien. Dabei ist es egal auf welche Art von „Verschlankung" diese angewendet werden, da sie immer gleichbleiben. Als erster Schritt steht immer der „Kundenwert" vor allem anderen. Der Wert der Produkte lässt sich nur dadurch identifizieren, wie der Kunde diese sieht. Zudem steht eine Vielzahl an Kundenbeziehungen zwischen sämtlichen Produkten und Dienstleistungen. Beispielsweise können Elektroniker sowie HLS erst im Bau loslegen, sobald der Trockenbau sichergestellt ist. Dadurch ist jeder Schritt vom vorherigen Abhängig und muss mit eingeplant werden. Letztendlich wird alles nach den Kundenwert ausgerichtet, wobei folgenden Aussage gilt. „All effort is focused on ensuring that the person or organization meets the requirements of the customer, nothing more and nothing less"[8] Das zweite Prinzip handelt über den „Wertstrom". Dieser muss von allen Beteiligten verstanden werden und beinhalt alle Aktivitäten, die bis zum Entstehen des Produkts verwendet werden. Vor allem die Leistungserfüllung steht im Vordergrund. Wird sie erfüllt oder nicht muss die Frage dabei lauten: Ist die Leistung wertschöpfend? Ist die Leistung nicht wertschöpfend, aber vermeidbar? Ist die Leistung nicht wertschöpfend, aber unvermeidbar? Das Ziel bei diesem Prinzip ist es bereits Wertschöpfende Leistungen zu optimieren und andersherum nicht wertschöpfende Leistungen zu eliminieren.

Viele der einzelnen Lösungen des LCM in der Baubranche stecken im dritten Prinzip. Hier soll die Verschwendung minimiert werden und ein sogenannter „Fluss" geschaffen werden. Alle Aktivitäten im Bauprozess sollen problemlos ablaufen und ohne große

---

[6] vgl. Rafanan, 2022
[7] vgl. Schenkel, 2022
[8] Kliem R. L, 2016, S. 15

Reibung an den Schnittstellen funktionieren. Beispielsweise soll Minimierung bei Verzögerungen, Lagerbeständen oder Defekten helfen. Auch einzelne Arbeitsschritte werden näher betrachtet, ob diese notwendig sind. Das vierte Prinzip nennt sich „Pull" und bildet den Bedarfsgesteuerten Ablauf. Dieser verbindet die Kundenanforderung mit dem optimalen angepassten Prozess. Alles soll an den Kunden angepasst werden und auch nur die Menge umgesetzt werden, bei dem der Bedarf vorhanden ist. Alles andere wäre Verschwendung und würde sein Ziel verfehlen. Daher ist zusammenfassend die Produktion abhängig von der Anforderung der Kunden. Beim Bau kann dies beispielsweise auf den Auftrag des Kunden bezogen werden. Einzig und allein dieser spielt eine Rolle und unnötige Bauten sollten ignoriert werden. Der letzte und fünfte Schritt ist ein unendlicher Prozess. Es geht um die stetige Verbesserung der Prozesse. Er wiederholt sich ständig und ist die Grundlage dafür, dass man sich nicht nur auf einer Erneuerung ausruht. Prozesse müssen ständig hinterfragt werden, um sie zu verbessern, damit ein Unternehmen nicht auf der Stelle stehen bleibt. Nur so kann ein „schlanker" Prozess auch in der Zukunft garantiert werden. Zusammenfassend kann also gesagt werden, dass diese fünf Prinzipien auch im LCM angewendet werden können und dafür sorgen, dass ein Prozess so „schlank" wie möglich ist und ein Bauprojekt optimal vorangebracht werden kann.[9] Im Folgenden wird nun darauf eingegangen, aufbauend auf den Grundlagen des LCM, wie der Ablauf mit den Einzelnen Schritten erfolgt.

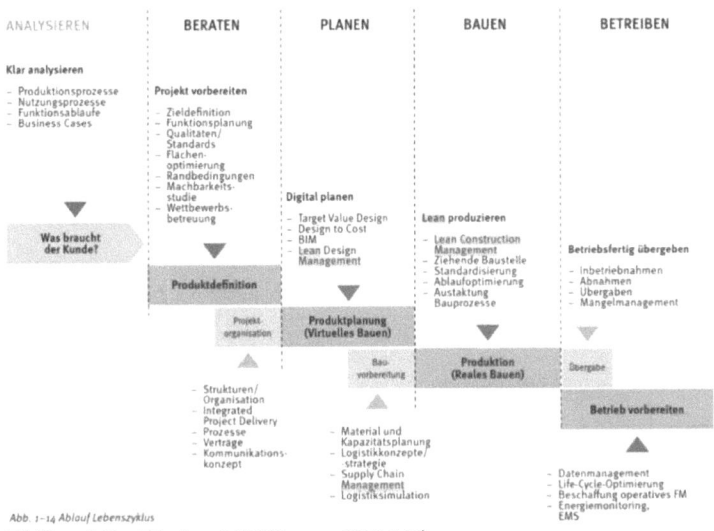

Abbildung 5: Der Ablauf von LCM (Sommer, 2016, S.16)

[9] vgl. Dr. Huppertz, 2020

4.3 Der Ablauf von LCM

Um Lean Construciton Management effizient umzusetzen, bedarf es an mehreren
Schritten. Dabei geht es damit los, zu analysieren, um danach zu beraten. Daraufhin
kann geplant werden, um mit diesen Grundlagen mit LCM zu bauen. Zuletzt wird
betrieben, also das fertige Projekt übergeben. Diese einzelnen Schritte bis hin zum
Bereich Bauen werden nun genauer erläutert, um zu verstehen was alles mit LCM
zusammenhängt. Bevor überhaupt an das Bauen gedacht werden kann, muss wie bei
den Lean Prinzipien auch erst an den Kunden gedacht werden. Dieser steht im
Vordergrund und bildet die Ausgangslage des Projekts. Es muss analysiert werden, was
dieser benötigt und was dafür getan werden muss. Zudem kann schon mal vorab
entschieden werden was überhaupt möglich ist und welche Produktionsprozesse und
Nutzungsprozesse dafür notwendig sind. Weiterhin müssen die Funktionsabläufe sowie
auch die Business Cases genauestens betrachtet werden. Letzteres entscheidet zum
Schluss, ob es sich für den Investor überhaupt hinsichtlich der Rentabilität lohnt und ob
so das Projekt durchgezogen werden sollte. Dieser erste Schritt bildet also einige der
wichtigsten Schritte, um optimal planen zu können. Im nächsten Schritt wird beraten.
Auf den Grundlagen der Analyse werden hier die Ziele und Strategien definiert.
Zusammenfassend geht es vor allem um die Produktdefiniton. Alle Flächen werden
optimiert und die Qualitätsstandarts werden festgelegt. Der wichtigste Faktor ist das
Ziel festzulegen. Hierbei werden auch Machbarkeitsstudien durchgeführt und
Randbedingungen mit einbezogen. Gleichzeitig läuft zur Produktdefinition auch die
Projektorganisation ab. Hier werden Verträge geschlossen und das
Kommunikationskonzept mit dem Kunden festgelegt. Außerdem natürlich das
Fertigstellungsdatum und bestimmte Strukturen. Der wichtigste Schritt bevor LCM
umgesetzt werden kann ist die Planung. In diesem dritten Schritt spielen vor allem das
Design eine Rolle, aber auch die digitale Planung. Zuvor muss noch entschieden
werden, ob beispielsweis die BIM Methode eingesetzt wird oder ob konventionell
geplant wird. In Verbindung mit LCM bietet sich BIM hervorragend an, da in der
heutigen Zeit durch die Softwareoptimierung beides verbunden werden kann und so der
Bau vereinfacht wird. Dazu wird später noch im Einzelnen genauer darauf eingegangen.
Parallel spielt sich zur Produktplanung noch die Bauvorbereitung ab. Hier werden die
Materialien und Kapazitätsplanung durchgeführt sowie Logistikkonzepte geplant. Auch
das bekannte suplay chain management hat hier seinen Platz, um letztendlich richtig zu
koordinieren. Auch wenn LCM damit zusammenhängt Prozesse zu „verschlanken" und

zu optimieren und hier einen eigenen Schritt hat, hängt doch bereits jeder andere Schritt davor damit zusammen. Ohne die optimale Analyse und Planung am Anfang, kann der spätere Verlauf erschwert werden. Auch die Festlegung der BIM Methode spielt eine wichtige Rolle, um später dies mit LCM zu verbinden. Im vierten Schritt befindet sich nun die Produktion, also der Bauprozess an sich. Hier werden durch LCM alle Beteiligten miteinbezogen und aufeinander optimal abgestimmt. Alle Lieferketten und Prozesse müssen ohne Reibung zusammen funktionieren und standardisiert werden. Eines der wichtigsten Faktoren bei LCM und gleichzeitig der größte Unterschied zu herkömmlichen Bauprozessen ist die frühestmögliche Einbeziehung aller Beteiligten an der Lieferkette. Normalerweise werden diese erst am Zeitpunkt der Fälligkeit mit einbezogen und per Ausschreibung gebucht. Um unnötige Verzögerungen und Fehler zu umgehen, sollte deren Know How jedoch von Anfang an in den Prozess gezogen werden. Dadurch werden zum Schluss alle Bauprozesse, Logistikprozesse und Planungsprozesse aufeinander abgestimmt.[10]

4.4 Kaizen

Abbildung 6: Kaizen (Eigene Darstellung)

Ein Kernpunkt des LCM ist das Kaizen Prinzip. Durch die Automobilbranche in Japan und deren Krise wurde diese Methode zur Managementphilosophie in Japan. Es steht für ständige Innovationen sowie Verbesserungen um Produkt, Prozess- und

---

[10] vgl. Sommer, 2016, S. 16 f.

Servicequalität dem Kunden optimal anzubieten.[11] Im Grunde ist so das Kaizen Prinzip ein Begriff für LCM und beschreibt dessen Vorgehensweise und Grundgedanken. So wird auch im Bauschritt der gesamte Prozess optimiert. Im letzten Schritt wird betrieben. Dies bedeutet, dass das Projekt vollendet ist und übergeben wird. Kernpunkte sind hier die Übergabe und Abnahme, sowie auch das Mängelmanagement. Wiederum läuft auch hier ein weiterer Schritt parallel ab. Im Zuge der Betriebsvorbereitung wird Datenmanagement betrieben und eine Life Cycle Optimierung findet statt. Natürlich darf auch das operative Facility Management nicht fehlen sowie auch Energiemonitoring, um den Energieverbrauch zu überwachen. Zusammenfassend sind dies die Schritte um LCM überhaut zu ermöglichen und um ein Projekt in der Theorie so fehlerfrei wie möglich zum Abschluss zu bringen. Alle einzelnen Prozesse und Schritte dienen zur optimalen Planung, um den Bauprozess so „schlank" wie möglich zu machen und deren Verschwendung zu minimieren.[12] Im Folgenden werden nun abschließend die Vorteile des LCM zusammengefasst, um anschließend auf die Verknüpfung von LCM mit BIM überzugehen.

Vorteile von LCM

- • Verschwendung von Ressourcen vermeiden
- • Kosten reduzieren bei gleichbleibender Qualität
- • Prozessabläufe erschaffen und verbessern
- • Effizienz und Wertschöpfung erhöhen
- • Effiziente Planung

Abbildung 7: Vorteile von LCM (Schweiger, erstellt mit Canva)

---

[11] vgl. Liebmann, 2020
[12] vgl. Sommer, 2016, S. 16 f.

4.5 Vorteile von LCM

Was also sind die Vorteile von LCM? Natürlich gelingt es in erster Linie Projekte mit wesentlich weniger Verzögerungen und Fehlern abzuschließen. Ressourcenverschwendung wird vermieden und Kosten so bei gleichbleibender Qualität reduziert. Im gesamten werden so Prozessabläufe natürlich automatisch verbessert, aber auch überhaupt erst geschaffen. Denn ohne die viele Analyse und Planung am Anfang, würden diese womöglich ganz anders ablaufen. Nebenbei wird selbstverständlich die Effizienz sowie auch die Wertschöpfung enorm erhöht. Das Unternehmen selbst spart durch die Verschlankung jedoch nicht nur Ressourcen ein, sondern auch Personal. Durch die optimierten Arbeitsabläufe wird die Produktivität auf das Maximum erhöht und lässt keine unnötige Arbeit zu. Unterm Strich wird so auch unnötiges Personal vermieden, wodurch auch wieder das Fehlerpotential sowie auch Finanzielle Mittel eingespart werden.

Mit Hinblick auf die Umwelt, werden aber auch Abfälle vermieden und unnötige Verschmutzungen verhindert. Weiterhin werden Zeitverzögerungen vermieden, indem Schnittstellen so minimiert werden wie möglich. Dies ist dadurch möglich, indem von vornherein Personal und externe Beteiligte miteinbezogen werden und deren Know How mit einbringen und nicht erst später durch eine Ausschreibung gebucht werden. Dazu zählen auch Mitarbeitende, Subunternehmen und Lieferanten. Ein wichtiges Tool, um einen ungestörten Ablauf zu generieren bietet LPS. Durch straffe Zeitplanung werden die Produktivität sowie die Verantwortlichkeit der Arbeiter beim Bau erhöht. Dies gelingt durch Sicherstellung, dass jeder sein Arbeitsspektrum bewältigen kann. Ohne dieses werden zwischen 50 bis 70 Prozent der weltweiten Projekte nicht rechtzeitig im Zeitplan fertiggestellt, denn auch das Management versagt teilweise und verzögert den Prozess. Zuletzt werden auch Kommunikation und Problemmeldung angeregt. Mitarbeiter werden ermutigt Probleme und Fehler zu melden, wodurch eine Optimierung möglich ist.[13]

Letztendlich erhöht so LCM auch die Margen und bewirkt eine Beschleunigung der Projekte von bis zu 30 Prozent. Dies ist nicht nur wichtig für die Bauprojekte an sich, sondern auch für die gesamte Branche, da im Gegensatz zu anderen Branchen eine viel geringe Produktivitätssteigerung in den vergangenen Jahren zu messen war.[14]

---

[13] vgl. Rafanan, 2022
[14] vgl. Schenkel, 2022

Der Einsatz von LCM ist also in der heutigen Zeit fast nicht mehr wegzudenken und auch wenn kleine Unternehmen dies oft nicht umsetzen, sprechen eine Menge Vorteile dafür in der Zukunft LCM in jedem Projekt einzuführen. Der große Vorteil in der heutigen Zeit ist die Einsetzung von Software. BIM ist hier der große Ansatz, um in der Baubranche noch effizienter zu werden. Was zuvor im Ablauf schon angesprochen wurde, wird nun im Folgenden erläutert.

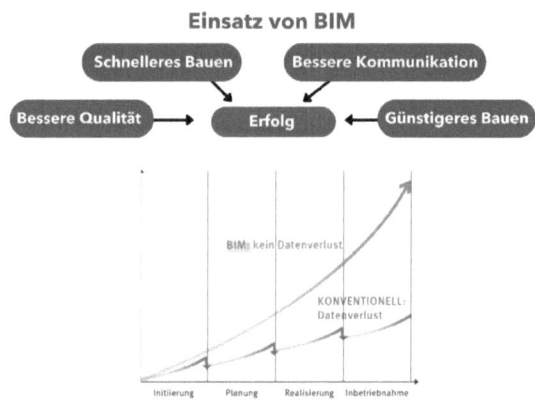

Abbildung 8: Einsatz von BIM (Schweiger, erstellt mit Canva)

5. Einsatz von BIM

Bevor näher erklärt wird, wie BIM in Kombination mit LCM funktioniert, in der heutigen Baubranche, muss erst einmal erklärt werden, worum es sich bei BIM handelt. In der Vergangenheit lag das größte Problem darin, dass bei einem Bauprojekt sehr viele verschiedene Beteiligte mit verschiedenen Büros und Ansichten involviert waren. Diese hatten zwar ein gemeinsames Ziel, jedoch war die Absprache sehr schwierig. Da Pläne ursprünglich noch mit Zeichnungen auf Brettern erstellt wurden, musste ständig intensiver Informationsaustausch sattfinden, um zu vergleichen, wo das Projekt gerade steht. Noch aufwendiger waren natürlich Veränderungen. Ständig muss alles hin und her geschickt werden. Veränderungen werden markiert, jedoch war der Aufwand meist zu groß und Alternativen gab es keine. Nachdem in den 90er Jahren Pläne erstmals auf den Computer übertragen wurden, wurden Projekte vereinfacht, jedoch war die Absprache immer noch nicht verbessert worden.

5.1   Funktionsweise von BIM

BIM löst diese Probleme. Hier wird nicht gezeichnet, sondern ein digitales Modell des geplanten Objekts entworfen. Alle erforderlichen Informationen, sowie auch die Logistik und die Herstellung werden vermerkt. Diese Software vereinfacht so stark den Austausch und die Kommunikation zwischen Beteiligten. Auch Veränderungen können wesentlich einfacher vollzogen werden.

BIM enthält Volumenmodelle, wie beispielsweise Baumassenmodelle oder Grobmodelle wie Wände, Decken und Fassaden werden durch sogenannte Concept Design Werkzeuge erstellt. Zweiteres wird durch Konzept Elemente definiert. Diese Informationen zu den einzelnen Elementen werden in enthaltenen Datenbanken abgelegt. Auch Detailelemente mit einem wesentlich größeren Informationsgehalt sind enthalten und können zu vorgefertigten Modulen zusammengefasst werden. Eine Projekt Bibliothek ermöglicht wiederum die Ablage.[15]

5.2 Vorteile von BIM

Letztendlich macht BIM genau das was der Name sagt. „Building Information Modeling" versucht die Planung sowie letztendlich Umsetzung von Bauprojekten zu optimieren. Durch die digitale Erfassung wird hier auch ein 3D Modell möglich und schafft es, dass alle Informationen und Pläne in ein Modell übertragen werden und nicht wie herkömmlich, auf viele unterschiedliche Pläne. Alle Beteiligten können sich optimal abstimmen und ihren Input abspeichern.

Welche Vorteile ergeben sich also? Alle Beteiligten sind auf demselben Stand, sodass Fehler oder Verzögerungen vermieden werden können. Zudem kommt es hierbei nicht darauf an, wie groß das Projekt ist, da es auf alle Größen zugeschnitten werden kann. Durch die verbesserte Zusammenarbeit und Kommunikation wird natürlich auch die Qualität am Ende verbessert, denn alle Veränderungen und Eintragungen sind direkt für alle nachvollziehbar. Auch Datenverluste und Beschädigungen werden somit aus dem Weg geräumt. Durch die 3D Modellierung kann man sich das Projekt jederzeit vor

---

[15] vgl. Sommer, 2016, S. 120 ff.

Augen führen und selbst an unterschiedlichen Tageszeiten besser vorstellen. Baumängel werden hiermit ebenfalls minimiert und das Projekt auch schneller fertig gestellt. So werden wiederum auch eine Menge Kosten eingespart. Denn durch die frühe Fehler Feststellung, können diese besser vermieden werden und auch unnötige Nacharbeiten werden überflüssig. Zusammenfassend sollte in Zukunft immer darauf zurückgegriffen werden. Bis zu 10 Prozent der Kosten und 40 Prozent von außerplanmäßigen Änderungen können eingespart werden. Aber auch eine Bauzeitverkürzung um 7 Prozent oder 9-prozentige Senkung der Betriebskosten sind möglich. Ebenfalls sollte immer in Betracht gezogen werden, dass durch die stets komplexer werdenden Projekte bei gleichbleibender Umsetzung, der Bau laufend erschwert wird. Durch BIM wird hier Abhilfe geschaffen.[16]

Abbildung 9: Anwendung in der Praxis (Schweiger, erstellt mit Canva)

6. Anwendung in der Praxis

Nun da klar ist, wobei es sich bei LCM und BIM handelt, können beide Methoden in der heutigen Zeit kombiniert auf ein Projekt angewendet werden. Auch wenn beide Prinzipien dasselbe Ziel haben, nämlich die Optimierung eines Bauprozesses, bilden diese trotzdem zusammen eine gute Kombination aus herkömmlicher „Verschlankung" und der Hilfe neuer Software. Egal ob bei einem Neubau oder einer Sanierung, diese zwei Methoden ermöglichen mit Hinblick auf alle genannten Vorteile eine einzigartige Planung und Ausführung, die einen herkömmlichen Bauprozess in den Schatten stellt.

---

[16] vgl. Management Circle AG, 2018

6.1 LCM und BIM anhand einer Sanierung

Um nun die beiden Trends LCM und BIM auf ein Praxisbeispiel zu übertragen, wird eine Sanierung eines Gebäudes gewählt. Bestimmte Bestandteile sollen erneuert werden, wobei hierzu Heizungsanlagen und das Dach zählen. Ebenfalls sollen die Wände neu gestrichen werden. Dabei spielen mehrere Akteure eine Rolle und werden an dem Projekt beteiligt. Bevor ein optimaler Plan aufgestellt werden kann, wird wie nach den Lean Prinzipien und dem Ablauf von LCM erst ermittelt, was der Kunde braucht. Um keine Fehler zu machen und Missverständnisse aus dem Weg zu schaffen, werden alle Informationen und Details des Projekts zuvor genauestens abgesprochen, um anschließend die dazu gehörenden Funktionsabläufe und Produktionsprozesse zu analysieren. Um die Phase der Beratung optimal zu gestalten, werden wie erwähnt, sämtliche Beteiligte von Anfang an in das Geschehen mit einbezogen und alle Qualitätsmerkmale, Ziele, Standards und Strukturen inklusive der Kommunikation zwischen den Akuteren abgestimmt. Beispielsweise wird von Anfang an auch mit dem bereits erwähnten LPS System für mehrere Wochen im Voraus festgelegt, wann beispielsweise das Dach gedeckt wird und die Wände gestrichen werden, damit jeder genau weiß, wann er etwas zu machen hat und die Schnittstellen reibungslos verlaufen. Dadurch kann auch garantiert werden, dass genug Platz für die Anreise und Lagerung der Materialien ist und sich niemand im Weg steht. Zudem wird genau festgelegt, wie lang welche Arbeitsschritte dauern werden. Gleichzeitig werden trotzdem regelmäßig wöchentlich Meetings abgehalten, um den aktuellen Baufortschritt zu besprechen. Da hier BIM auch miteinbezogen wird und dies zuvor festgelegt wurde, wird begleitend alles in der Software erfasst und abgebildet. Dadurch wird der Lebenszyklus des Bauprojekts ersichtlich und alle Informationen können immer direkt abgespeichert werden.[17]

6.2 Vorteile der Anwendung

Durch diese Abläufe werden die Fehlerquoten vermindert und alles läuft reibungslos ab. Gleichzeitig wird so auch LCM durchgesetzt. Die Kaizen Prinzipien werden beachtet und Fehler sowie Verschwendung oder Zeit Verzögerungen werden vermindert. Der Gebrauch von BIM befindet sich hier bereits in der Planungsphase. So wird hier auch

---

[17] Vgl. Schenkel, 2022

die Logistik oder Materialkapazitätsplanung festgelegt. An dieser Stelle fängt BIM und LCM an ihre volle Effizienz zu entfalten. Durch eine möglichst genaue Planung mit der Analyse zuvor, kann der Prozess so „schlank" wie möglich gemacht werden. Beispielsweise werden nicht mehr Arbeiter als nötig oder nicht eine unnötige Menge an Dachziegeln bereitgestellt. Wenn nun das Dach gedeckt wird, wurden keine überflüssigen Ausgaben getätigt und auch der Platz steht für andere Materialen zur Verfügung. Durch LPS und auch BIM sowie die vorherige Planung kann nun in der Bauphase durch LCM Prozessoptimiert gebaut werden und alle Abläufe laufen reibungslos. Auch die Standardisierung hilft jeden Schritt ohne großen Aufwand durchzuziehen. Im letzten Schritt wurden nun alle Sanierungsarbeiten durchgeführt. Alle Abläufe konnten reibungslos nacheinander erfolgen, wodurch die Bauzeit sowie die Kosten wesentlich gesenkt wurden. Das fertige Projekt wird nun übergeben und kann wieder betrieben werden.

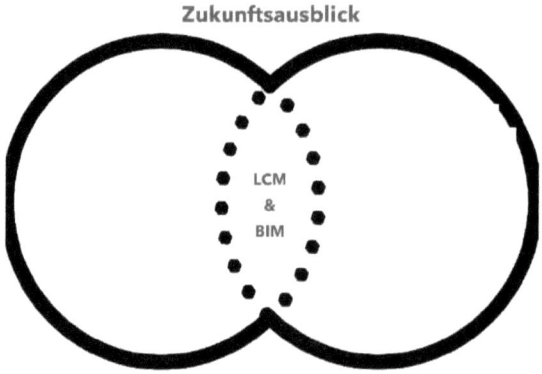

Abbildung 10: Zukunftsausblick (Schweiger, erstellt mit Canva)

7. Zukunftsausblick

Zusammenfassend ist zu sagen, dass eine Anwendung der beiden Trends LCM und BIM immer in Betracht gezogen werden sollten. Beide haben dasselbe Ziel und können kombiniert eine Vielzahl an Vorteilen bringen. Herkömmliche Bauprozesse schaffen nicht dieselbe Effizienz und vor allem mit Hinblick auf die heutige Zeit, sollte eine Verschwendung und unnötige Baukosten immer minimiert werden. Auch in Zukunft könnten weiterhin Krisen und neue komplexere Bauweisen, Kosten und den Aufwand in die Höhe treiben. Um nicht wie in den vergangenen 20 Jahren auf der Stelle zu bleiben, können so diese Methoden dabei helfen die Produktivität zu steigern und mit der Zeit mitzuhalten. Weiterhin werden die Softwaren auch in der Zukunft immer besser werden. Dadurch werden so auch immer mehr Unternehmen mitziehen, wobei es auch heute schon möglich ist, diese für kleine sowie auch große Betriebe einzusetzen. Die Größe spielt hierbei keine Rolle. Sobald etwas gebaut wird, kann auch gespart werden, sodass auch in der Zukunft so effizient wie möglich Gebäude errichtet werden können.

Literaturverzeichnis

ALLPLAN Deutschland GmbH (2021): Teil 1: Ein Perfektes Paar – Lean und BIM, Online: https://blog.allplan.com/de/lean-und-bim (Zugriff am: 21.08.2022)

Huppertz, Rene, Der Prozess Manager (2020): 5 Lean Prinzipien, die Sie kennen müssen!, Online: https://der-prozessmanager.de/aktuell/publikationen/5-lean-prinzipien (Zugriff am: 27.08.2022)

Kliem, Ralph, (2016): Managing Lean Projects, Auerbach: CRC Press

Liebmann, Katja, Focus Online (2020): Kaizen Methode: So funktioniert das Prinzip, Online: https://praxistipps.focus.de/kaizen-methode-so-funktioniert-das-prinzip_126348 (Zugriff am 30.08.2022)

Management Circle AG(2018): BIM Building Information Modeling: Das müssen Sie wissen!, Online: https://www.management-circle.de/blog/vorteile-bim/#:~:text=Diese%20Vorteile%20ergeben%20sich%20durch%20BIM%20%E2%80%93%20Building,Software%20m%C3%B6glich%2C%20wenn%20alle%20Planungsabl%C3%A4ufe%20vern%C3%BCnftig%20strukturiert%20werden. (Zugriff am 31.08.2022)

Rafanan, Jay, PlanRadar (2022): Lean Construction Management: So geht's in der Praxis, Online: https://www.planradar.com/de/lean-construction-management/ (Zugriff am: 25.08.2022)

Rauschenbach, Olaf, Heras (2018): Die häufigsten Probleme auf der Baustelle, Online: https://www.heras-mobile.de/blog/probleme-auf-baustellen-1 (Zugriff am: 24.08.2022)

Sackmann, Christoph, Focus Online (2022): Aus vier Gründen geht in der Baubranche jetzt die Angst um, Online: https://www.focus.de/immobilien/bauen/baubranche-fuerchtet-krise-material-knapp-preise-hoch-deshalb-werden-in-deutschland-weniger-haeuser-gebaut_id_86683511.html (Zugriff am: 26.08.2022)

Schenkel, Janette, Capmo (2022): Lean Construction Management: So optimieren Sie Ihre Bauprozesse, Online: https://www.capmo.com/baulexikon/lean-construction-management (Zugriff: 25.08.2022)

Schmidt, Manuel, tractionwise (2021): Wie Lean Management KMUs helfen kann und woran es immer noch scheitert, Online: https://www.tractionwise.com/magazine/lean-management-kmu-scheitern/ (Zugriff am 04.09.2022)

Sommer, Hans, (2016): Projektmanagement im Hochbau: Mit BIM und Lean Management (E- Book). 4. Auflage, Springer Berlin / Heidelberg, https://ebookcentral.fham.de/lib/iunworld-ebooks/detail.action?docID=4470911&query=lean+construction+management (Zugriff am: 26.08.2022)

Witzenberger, Kevin, Spiegel Geschichte (2015): Arbeit am Abgrund, Online: https://www.spiegel.de/geschichte/bau-vom-empire-state-building-bilder-von-der-arbeit-am-abgrund-a-1042811.html (Zugriff am: 26.08.2022)